Guia simples para a promoção da saúde e vida

Diego Brito

Copyright © 2019 por Diego Brito

"Todos os direitos reservados. Nenhuma cópia deste livro pode ser utilizada ou reproduzida por quaisquer meios existentes sem autorização por escrito dos editores ou autor."

Ficha catalográfica

S862a Brito, Diego, 1982 -
   Guia simples para a promoção da saúde e vida

.

       ISBN13: 9781096963578
        1. Ciencias da saúde - 2. saúde e nutrição

I. Título
                                  CDD: 613
                                  CDU: 61

Dedicatória

"Este livro é dedicado ao grande Hipócrates, considerado o pai da medicina. Que jamais concordaria, em tratar a saúde humana, como uma simples mercadoria."

Sumário

Introdução.. 6
Dicas de saúde e nutrição.. 9
Alimentação... 11
O que evitar?... 14
O que comer?.. 17
Como comer?.. 25
Suplementação... 27
Quais de fato constituem os nutrientes essenciais?....... 37
Qual a opinião do autor sobre boa alimentação e dieta?. 41
O porquê do pressuposto abaixo?............................ 51
As verdadeiras causas de muitas enfermidades........... 54
As relações entre saúde, conhecimento, atenção, resiliência e disciplina.. 58
Exercícios físicos.. 61
Outros recursos para ganho de saúde e bem-estar........ 63
Contaminação\Poluição... 87
Resumo e reforço acerca de possíveis causas de doenças e acidentes.. 89
Trabalhar as causas das enfermidades e não apenas as consequências... 92
Últimas palavras.. 94

Referências... 96

Introdução

O material abaixo trata-se de um guia rápido para a promoção da saúde e vida. Este consiste numa compilação de saberes e informações extraídos de diferentes meios, bem como de conhecimentos acumulados pelo autor. De modo algum substitui o acompanhamento de médicos, nutricionistas, psicólogos e outros profissionais. O propósito desta compilação é o de auxiliar nos primeiros passos para aqueles que buscam informações simples e resumidas sobre nutrição, medicina, psicologia e outros saberes de uma maneira simples e resumida.

Na verdade esta trabalho trata-se de uma síntese e que certamente será aprimorado depois em outras versões. A motivação de construí-lo seu deu depois do autor efetuar estudos, pesquisas e testes em si próprio com o propósito de melhorar a própria saúde e de sua família. Em seguida surgiu a ideia de sistematizar todos esses saberes e disponibilizar para a população pela via de um pequeno livro.

Este será muito útil principalmente para aqueles que buscam dar os primeiros passos no caminho da promoção da saúde integral. É importante ressaltar que este consiste apenas num trabalho introdutório e que, a partir deste material, precisa continuar suas próprias pesquisas e acumulação de saberes nos assuntos abordados, sobretudo no quesito nutrição. No entanto, este pode sim constituir num bom guia útil e prático, inclusive citando fontes de pesquisa (canais de profissionais no Youtube) que podem ser muito úteis para o aprofundamento no assunto. Como o próprio título descreve trata-se apenas de um guia rápido, mas que pode ser útil para auxiliar o leitor na confecção dos seus primeiros passos. Principalmente para aqueles que não fazem ideia por onde começar quando diante de um problema de saúde e incertezas quanto ao futuro.

    Se você teve a oportunidade de ler este material significa que já tem informações suficientes para saber por onde começar. Se for útil para você então indique para outros, talvez conheça alguém que possa se beneficiar com as dicas contidas neste material. Mais uma vez é preciso dizer que nem de longe as informações contidas aqui esgotam os vastos temas abordados, cabe a cada um dar continuidade a seus estudos e pesquisas, no entanto, serve como um bom início. Principalmente, o autor sugere que inscreva-se nos canais no youtube dos médicos e profissionais recomendados e assistam a seus vídeos para que possa aprofundar ainda mais no assunto.

Principalmente que você seja o responsável pela promoção de sua própria saúde e vida e não delegue esta tarefa para outros. No fim das contas que vai gozar ou não de uma boa saúde é você e não outras pessoas. Diante de uma enfermidade você é quem terá que vivenciá-la e não outros. Você é o maior responsável pela promoção e manutenção de sua saúde e não outras pessoas. Pode ser comôdo pensar diferente, mas na prática construir e manter uma boa saúde é tarefa e dever de cada um e este trabalho não pode ser terceirizado. Um único livro ou vídeos no Youtube, ainda que úteis, também não será o bastante para assumir essa complexa mas necessária tarefa de manutenção e promoção da sua saúde e família, pois trata-se de um processo que precisa ser observado ao longo de toda à vida. Em suma, a manutenção de uma super saúde é conquistada e, por isso, demanda esforços cotidianos e continuados. Simples assim.

Dicas de saúde e nutrição

No âmbito da saúde e nutrição existem um conjunto de medidas preventivas, bem como hábitos comportamentais, que são muito importantes tanto para se preservar a saúde atual bem como para ampliar ou ganhar mais saúde. Isto mesmo, não só deixar de perder a saudê e consertar eventuais problemas, mas também ampliar a saúde e bem estar do indivíduo. Quem não deseja ter uma saúde e vida melhor? Nenhuma pessoa deseja ficar doente e\ou ter deficiências como falta de energia e ânimo que a deixe incapacitada de realizar suas tarefas e deveres. Ninguém deseja isso para si e família, sobretudo diante dos grandes desafios que a vida moderna nos coloca e dos autos custos com tratamentos que visam recuperar a saúde e que nem sempre são eficazes.

Como muitos profissionais especializados na promoção da saúde (e não dá doença) apresentam existem muitas medidas e\ou recursos que, se aplicados corretamente, resultarão na melhoria da saúde física e psicológica das pessoas. Mas estes, obviamente, só surtirão algum efeito se aplicados corretamente em menor ou maior grau. Um dos muitos recursos existentes que atuam de modo complementar consiste na nutrição adequada. Para quem não estuda o assunto pode acreditar que sabe se alimentar corretamente, no entanto ao se aprofundar um pouco no tema pode chegar a conclusão que muito do que acreditava saber não corresponde a realidade de uma boa nutrição.

Mais abaixo serão descritas algumas dicas de como pode melhorar neste aspecto, mas principalmente deve consultar os canais e materiais especializados no assunto para obter mais e melhores informações. O principal objetivo aqui consiste em apenas instigá-lo a fazer isso, recorrer aos muitos e bem qualificados profissionais que disponibilizam valiosos conteúdos sobre saúde e nutrição na internet de modo gratuito, bem como a leitura de outros livros e materiais sobre o assunto. O autor, apesar de possuir uma graduação inconclusa no oitavo período de psicologia, não é um profissional da área. No entanto, este trabalho já lhe dará uma ideia geral sobre boa nutrição e saúde preventiva de modo a facilitar seu entendimento. Ou seja, uma pequena e breve compilação de um conjunto de medidas simples que poderão, se postas em prática, literalmente revolucionar a saúde e vida das pessoas.

Alimentação

Este tópico se inicia com a famosa frase de Hipócrates o pai da medicina que dizia *"que o remédio seja seu alimento e que o alimento seja seu remédio"*. Um dito popular que diz *"somos áquilo que comemos"* também está dentro do contexto. Ainda que a atenção e manutenção de uma dieta equilibrada e mais atípica em relação ao padrão ocidental não seja para a maioria das pessoas algo muito simples certamente o processo de recuperação da saúde perdida é muito sofrível e custoso. Se podemos via medidas simples manter nosso organismo funcional de modo a não precisar tomar medidas corretivas depois então porque não fazê-lo se isto é possível. Um grande aliado neste processo consiste no uso correto dos alimentos, ainda que boa parte da população mundial não se sinta em condições de manter uma alimentação ou dieta ideal.

De fato uma dieta ideal, sobretudo quando envolve suplementação, pode não ser tão acessível a todos, no entanto o primeiro passo na aquisição de uma nova cultura alimentar ou reeducação alimentar consiste em deixar de comer certas coisas. Esta medida não envolve nenhum custo monetário específico, pelo contrário é passível de gerar economia. O que isto quer dizer? Que os recursos gastos (mal investidos) para a aquisição de alimentos que, em vez de trazer benefícios reais para a saúde traz efeito contrário podem ser reinvestidos de modo mais inteligente e trazer retornos objetivos.

No padrão alimentar citado acima os custos com a alimentação não consistem num investimentos com o objetivo de trazer retornos para a saúde do indivíduo. E sim um custo que resultará na contração futura de ainda mais custos com serviços médicos e perda da produtividade do indivíduo. Além de outros danos sociais e psicológicos irreparáveis. Por outro lado, o investimento numa boa alimentação trarão retornos tangíveis para o indivíduo em diversos campos, a começar pela economia de recursos dispendidos com tratamentos médicos caríssimos, bem como com o aumento de sua produtividade em todos os aspectos da vida. Se o simples ato de seleção e ingestão inteligente dos alimentos pode trazer aos indivíduos tantos benefícios, então porque não fazê-lo? Uma das respostas para isso consiste no aprendizado errado acerca do importante papel dos alimentos na saúde e bem-estar integral das pessoas. A correção posterior de saberes e aprendizados errados pode se tornar um processo custoso e difícil.

A boa notícia é que em qualquer tempo da vida esta correção é possível e os benefícios para quem a efetua são incalculáveis. Vale lembrar que mais importante do que comer é nutrir, alimentar para nutrir e não comer para matar a fome. Existe uma diferença gigantesca entre comer e nutrir. O ato de comer pode resultar na perda de saúde ou no ganho de saúde da pessoa. Em outras palavras, pode nutrir ou desnutrir o organismo. Obviamente quem deseja adotar uma dieta personalizada a seu organismo deve procurar a ajuda de um profissional especializado como um nutricionista, médico nutrólogo e outros. Vejamos abaixo uma pequena amostra, que deve ser ampliada depois, de algumas medidas e alimentos que podem trazer muitos benefícios para a sua saúde e família.

O que evitar?

Antes de abordarmos o que se dever comer é preciso falar do que **deve ser evitado**. Parece ser consenso entre os profissionais de saúde consultados que uma lista muito grande de alimentos devem ser evitados e\ou excluídos definitivamente de nossa dieta se desejarmos ter saúde efetuando-se um trabalho sobretudo preventivo, bem como prospectivo no ganho ou aumento da saúde. Ainda que talvez nem todos os produtos alimentícios que passam por um processo industrial sejam totalmente ruins ou inadequados para a nossa ingestão uma parte considerável desses podem o ser. Por exemplo, todos os produtos refinados como açúcar, arroz, farinhas, o sal ou cloreto de sal. Pães, massas, bolos, molhos, produtos defumados, biscoitos, sorvetes, doces, margarinas, refrigerantes, sucos, muitos grãos principalmente advindos do milho, óleos vegetais provenientes da soja, canola, girassol, margarinas (trocar por manteiga) e muitos outros.

Como a lista é muito grande e de difícil seleção é mais fácil pensar que praticamente todos os produtos alimentícios que passam por um processo industrial tendem a ser ruins ou danosos para a saúde. No mínimo pior do que os naturais. É evidente que existem exceções, por exemplo as azeitonas, amendoins torrados e empacotados, atuns e sardinhas enlatadas (ainda que exista o risco da contaminação por metais pesados), bem como outros.

De modo geral os alimentos naturais como a menor intervenção humana possível tendem a ser melhores ou mais bem recebidos pelo nosso organismo. Existe uma bioidentidade maior e, portanto, menos químicos, obviamente quando orgânicos ou retirando-se os agrotóxicos. É mais fácil pensar assim, que os alimentos naturais ausentes do processamento industrial tendem a ser sempre melhores. Isto vale para o leite e seus derivados também. Muitos profissionais da saúde não recomendam o uso do leite e seus derivados por diversos fatores como a dificuldade de digerir uma substância denominada de lactose, mas não só isso. O corpo humano depois de adulto perde sua capacidade de digerir bem o leite, além da contaminação e outros fatores. Um estudo mais detalhado fará com que decida se deve ou não usar este alimento em sua dieta. O glúten é outra substância muito criticada contida nos produtos que contêm trigo porque pode causar danos graves à saúde. A maioria dos produtos que passam por um processo industrial são carregados de substâncias químicas que tendem a ser muito nocivas à saúde como conservantes, xarope de milho, glúten, outros açucares, sal em excesso, corantes e outras.

Essas substâncias tendem a intoxicar as células do corpo, inflamar e acidificar o organismo, destruir a flora intestinal, acumular gordura no fígado, afetar o metabolismo e cérebro e causar outros danos. O resultado disso tende a ser o aparecimento de doenças como diabetes, câncer, doenças autoimunes, inflamação, pressão e colesterol altos, problemas cardíacos, problemas vasculares, fadiga, úlceras e gastrites, problemas intestinais, insônia, obesidade, problemas no cérebro, esteatose hepática (fígado), envelhecimento precoce e muitas outras. Logo o primeiro passo de uma boa nutrição consiste em evitar certos alimentos. Ao se fazer isso muitos benefícios podem ser alcançados. Não é preciso dizer que o uso de álcool, tabaco e outras drogas não trará nenhum benefício a saúde das pessoas, mesmo porque, na prática, o uso moderado quase nunca acontece.

O que comer?

Uma vez que sabemos o que **não devemos comer** por um lado, pelo outro precisamos conhecer melhor àquilo que devemos ingerir. Mesmo aquilo que podemos e devemos ingerir diariamente trata-se de um equilíbrio muito delicado que varia conforme cada indivíduo. Não existe uma dieta única que atenda a todos e, por isso, a consulta a um profissional especializado para os que podem fazê-lo é algo muito recomendável. No entanto, existe um certo padrão que todos devemos atentar. O abjetivo aqui não é listar e dissecar acerca das propriedades de cada alimento, este estudo precisa ser feito depois ao longo da vida para conhecer as características peculiares de cada alimento e assim saber se, como e quando fazer uso desses.

Aqui vamos abordar conceitos gerais e tentar derrubar alguns mitos acerca da dieta moderna\ocidental. Se devemos evitar alimentos que passam por processamento industrial logo, obviamente, devemos privilegiar alimentos naturais. Principalmente aqueles que podemos ingerir crus, ou seja, sem passar por um cozimento. Como nem todos os alimentos podem deixar de passar pelo fogo com ao menos uma parte desses deve-se fazê-lo. Por exemplo, uma boa parte da alimentação, ao menos 50% (tem pessoas que defendem 100% cru), deve ser feita com uso de verduras, legumes e frutas sem passar pelo fogo. Esta medida faz com que se amplie a ingestão de alimentos bioidenticos, ou seja, semelhantes a nossa constituição orgânica. O que facilita tanto no processo de digestão quanto na absorção das vitaminas e minerais desses alimentos que não são destruídas e\ou modificadas ao serem aquecidas. Essas moléculas, portanto, não sofrem alterações e entram no organismo idênticas às produzidas diretamente pela natureza. Isto facilita consideravelmente o trabalho do organismo no manejo desses nutrientes devido à bioidentidade.

Não podendo ingerir os alimentos crus é recomendável privilegiar assados e cozidos, em último caso os alimentos fritos. Quando fritos é preciso fazer uso de óleos de qualidade como óleo de coco, manteiga e banha de porco. Ao contrário do que muitas pessoas pensam a banha de porco consiste numa gordura boa para uso, o que não ocorre com os óleos de origem vegetal como soja e girassol. Lembrando que deve-se evitar o uso de frituras sempre que possível. No reino vegetal deve-se privilegiar a ingestão de verduras e legumes e, por último, as frutas. As frutas consistem em alimentos riquíssimos em vários nutrientes e seu uso é recomendado, o problema consiste na ingestão dessas em excesso. Algo fácil de ocorrer devido ao sabor atraente. As frutas apesar dos muitos benefícios que apresentam como ricas em fibras, vitaminas, minerais e outras substâncias benéficas também são ricas em carboidratos e frutose. Altas doses de frutose podem não fazer bem devido a sua baixa ou não absorção pelo organismo. Outro fator negativo da ingestão excessiva das frutas é que pode comprometer uma dieta projetada para ser baixa em carboidratos. Obviamente pessoas que gastam mais energia como atletas, trabalhadores braçais e outros uma ingestão um pouco maior de frutas, portanto carboidratos, não fará tanta diferença.

O ideal para a alimentação diária é buscar variedade, o que é válido também para as frutas, verduras e legumes. Saladas de verduras e frutas variadas, bem como as sopas de legumes consistem em modos de diversificar a ingestão dos nutrientes contidos nesses alimentos de modo saudável. A ingestão de uma porção muito grande dos mesmos alimentos não fará muita diferença para o organismo porque este só ira absolver as quantidades necessárias que necessita para a sua nutrição naquele dia ou momento e o restante irá descartar. Por essa razão a variedade, em geral, é mais importante do que a quantidade. Em alguns casos a ingestão excessiva de um mesmo nutriente pode ser tóxico, como no caso do selênio e zinco.

Além das frutas, verduras e legumes é preciso ingerir diariamente porções de gorduras boas como as contidas no óleo de coco, azeite de oliva, abacate, coco, castanhas, amendoins, azeitona, peixes, ovos, carnes e outros. Vale ressaltar a importância dos ovos pois estes possuem tudo que uma vida precisa para sua concepção com exceção da vitamina C, sendo caraterizado como um excelente alimento principalmente quando cozido. É dito por alguns ser o segundo melhor alimento do mundo depois do leite materno. Já o leite e seus derivados, ao contrário do que muitas pessoas pensam, não recebe uma boa avaliação de muitos dos profissionais da saúde mencionados abaixo, cabe ao leitor aprofundar seus estudos para concluir se deve ou não aderi-lo em sua dieta.

Os vegetais, principalmente as verduras mais escuras são riquíssimas em cálcio, as vacas por exemplo, não tomam leite e sim comem capim de onde retiram o cálcio de que precisam. Outra necessidade consiste na ingestão de aminoácidos e proteínas, presentes por exemplo no coco, arroz com feijão, abacate, carnes, peixes, aves. Uma boa dieta, portanto, deve ser rica em gorduras boas, vitaminas e minerais, aminoácidos e proteínas e com baixa ingestão de carboidratos ou açucares. Esta regra vale para a dieta vegetariana ou vegana ou a convencional, o que muda essencialmente são as fontes desses nutrientes se de origem só vegetal ou mista.

Não podemos esquecer do importante papel que exerce uma boa água (filtrada, mineralizada, com ozônio preferencialmente), a ingestão de 2 a 3 litros de água diariamente é de suma importância. Ao contrário do que muitos pensam o sal consiste num alimento essencial e deve ser ingerido diariamente por ser muito rico em minerais, importante no entanto consiste em usar o sal verdadeiro como o sal rosa do himalaia, integral ou marinho e outros. O sal refinado ou cloreto de sal deve ser evitado sempre. Também contrariando a muitos, alguns médicos dizem, que os sucos, mesmo os naturais, não consistem em bons alimentos porque possuem altas doses de frutose concentrada o que pode comprometer o bom funcionamento do fígado, sobretudo os industrializados.

Recomenda-se ingerir as frutas no seu estado natural devido a presença das fibras que acabam por "amortecer" o impacto da frutose no organismo. Vale lembrar que além da frutose existem outros açucares presentes nas frutas que, em altas doses, podem comprometer uma dieta com baixa ingestão de carboidratos. Os sucos recomendados são o de limão sem açúcar e os sucos verdes feitos com verduras, plantas e legumes.

Os cereais, com destaque para a quinoa, também consiste em bons alimentos, importantes principalmente para o intestino, por ser ricos em fibras e podem servir como pré-bióticos (alimento para as bactérias do intestino). Falando em intestino é importante para o cuidado da flora bacteriana a ingestão de alimentos fermentados e ricos em lactobacilos como kefir, iogurtes naturais e alimentos fermentados diversos. Bem como, de tempos em tempos, usar cepas de bactérias encontradas em farmácias. Outra boa medida consiste na ingestão de sementes como as de abóboras, girassol, mamão e outras. As sementes consistem no equivalente aos ovos no mundo vegetal. Ou seja, áquilo que uma vida vegetal precisa para germinar está contido nas sementes. O chocolate deve ser ingerido sem ou com baixo teor de açúcar, o mesmo vale com o açaí. Alimentos quelantes, ou seja que retiram metais pesados do organismo, são profundamente recomendados como coentro e algas marinhas diversas.

No âmbito das bebidas deve-se privilegiar, além dos sucos verdes, os chás como chá verde, hibisco, cavalinha, erva doce e muitos outros. O café deve ser usado com moderação, no máximo 3 xícaras diárias. Não podemos nos esquecer do uso de alimentos antibióticos como alhos, cebolas, limão, mel, própolis e outros. Estes alimentos ajudam a combater parasitas presentes no organismo e ampliar a imunidade. Os temperos e condimentos devem ser naturais e condimentos como canela, açafrão ou cúrcuma, pimenta, gengibre e muitos outros são de grande serventia para a confecção de uma dieta saudável e equilibrada pois possuem propriedades funcionais únicas.

No campo das farinhas deve-se privilegiar as farinhas de coco, linhaça, banana verde e outras. O mesmo vale com o leite que pode ser utilizado de coco, amêndoas e outros. Como não se deve usar açúcares refinados e nem os adoçantes convencionais, o recomendável é usar o açúcar de coco, adoçante a base de folha de estévia e, em último caso, o açúcar mascavo. Existem outros adoçantes melhores ainda que com preço proibitivo. De modo resumido o exposto acima sintetiza a composição de uma boa dieta. Vale lembrar que a ciência dos alimentos é uma disciplina muito vasta e o estudo detalhado das propriedades benéficas e maléficas de cada alimento deve ser feito por toda a vida. A consulta com um profissional da área é sempre recomendado, mas a partir daqui já é possível ter uma visão geral do que deve e do que não deve fazer parte de uma boa dieta.

Como comer?

Ao contrário do que aprendemos o ideal seria alimentar uma ÚNICA vez por dia. Isto mesmo, não escrevi errado. O interessante seria se ingeríssemos os nutrientes necessários para a nossa nutrição uma única vez por dia e deixássemos o nosso organismo em jejum intermitente o restante do tempo. Isto acontece, em parte, devido um período de nossa história natural quando eramos caçadores e coletores e os alimentos não estavam sempre disponível e tinhamos que ficar grande parte do tempo sem comer, ou seja, em jejum. Nosso organismo via-se obrigado a se adaptar a condições extremas, inclusive a restrição calórica, o que tendia a o fortificar e criar defesas e resistências naturais. Outro fator consiste que a prática de jejum intermitente é muito benéfica para o organismo, especialmente nos processos de limpeza e regeneração.

No entanto, como isso não é possível para a maioria de nós nos dias atuais o que se deve fazer é abrir uma janela de tempo ao longo do dia restringindo o período para ingestão dos alimentos durante a abertura da janela. Por exemplo, apenas se alimentar 3 vezes ao dia entre 12:00 e 18:00, fora deste intervá-lo ingerir apenas água. É claro que essa janela pode ser alongada ou reduzida e o número de refeições ampliado ou reduzido, mas a ideia principal é esta. Deste modo estaríamos sempre em jejum intermitente. Ocorre que para se fazer isso existe alguns pré-requisitos que precisam ser cumpridos, tais como adaptar o organismo ao metabolismo glicídio, aumentar gradativamente o tempo do jejum, ingerir os alimentos de que precisa no intervalo da janela, adaptação com o tempo e prática, entre outros. Mais importante é saber que comer em intervalos pequenos de tempo, sobretudo a noite não é recomendável. Pela manhã prefira líquidos e alimentos energéticos e a noite alimentos mais ricos em proteínas e aminoácidos e menos energéticos.

Suplementação

Mesmo ao se efetuar uma boa alimentação ou dieta existe a necessidade de efetuar a suplementação porque é provavelmente que a pessoa pode não conseguir obter todos os nutrientes de que precisa apenas com a dieta. Isto ocorre por diversos fatores, a quantidade e variedade de alimentos que precisa ser ingerido para atender as demandas nutricionais do organismo é muito grande o que na prática pode ser inviável. Outro fator é que os alimentos modernos são mais pobres em nutrientes em comparação aos alimentos produzidos no passado devido as grandes monoculturas e empobrecimento do solo.

Outro fator é que nem sempre pode encontrar e\ou ter a disponibilidade para ingerir os alimentos que precisa. Daí a necessidade de suplementar. Existem muitos suplementos que poderiam ser usados para melhorar a performance do organismo e com diferentes fins como modo de complementar a alimentação. Os suplementos não substituem uma dieta equilibrada, apenas a complementa. A principal vantagem dos suplementos, quando estes realmente são de qualidade, consiste na possibilidade de se concentrar em pouco espaço grandes quantidades de um determinado nutriente específico que, do contrário, precisaria se ingerir grandes quantidades de alimentos que podem possuir outras substâncias não tão desejáveis como os carboidratos por exemplo. Existem inúmeros bons exemplos, como o do óleo de abacate rico em vitamina E, o ômega 3, a vitamina C e D, o complexo B na levedura de cerveja, os suplementos com vitaminas e minerais, o resveratrol e muitos outros. É preciso considerar que nem todos conseguem consumir todos alimentos de que seu corpo necessita e na proporção correta ou adequada. Os suplementos podem ajudar muito no preenchimento do espaço vazio que a alimentação porventura deixa de preencher. Além do mais não trazem efeitos colaterais, no geral (talvez os suplementos proteicos, os ricos em cafeína, carboidratos e alguns outros possam trazer) com algumas exceções como no caso de selênio além do necessário, muitos carboidratos e proteínas bem como outras.

    Em geral, o excesso de certos nutrientes (não de calorias), com poucas excessões como no caso do selênio e zinco, simplesmente são eliminados pelo organismo sem lhe causar maiores danos (ao menos o que entende o autor). Nunca ouvi dizer que alguém ficou doente devido ao excesso de vitaminas do complexo B ou C no organismo. Mas o oposto sim.

Ômega 3: Existem diferentes tipos de ômegas que o organismo demanda para o exercício de diversas funções como ômega 6, 9 e outros. Entre estes o ômega 3, sendo muito importante para a melhoria das funções cerebrais. Os outros ômegas estão mais presentes nos alimentos e o corpo tende a uma deficiência crônica do ômega 3. Os ômegas precisam estar equilibrados no organismo para seu bom funcionamento, o excesso de ômega 6 por exemplo demanda uma maior ingestão de ômega 3. Quando isto ocorre pode gerar desequilíbrios como a inflamação silenciosa.

Minerais essenciais: Os minerais essenciais são categorizados como micronutrientes. Eles exercem uma quantidade gigantesca de funções no organismo, tais como o metabolismo celular, atuam no intestino, no cérebro, na formação dos ossos e tecidos, no processo digestivo, na imunidade. Ou seja, em praticamente todas as partes do organismo. Todos os minerais são importantes, no entanto, alguns se destacam como o magnésio, zinco, silício, selênio, bromo, enxofre, manganês, cobre e outros. Cada mineral exerce uma função específica e pode ser encontrado na alimentação natural bem como nos sais de boa qualidade como o sal rosa do himalaia. Podem ser suplementados e encontrados em farmácias e manipulação.

Vitaminas: Tal como os minerais as vitaminas também são categorizadas como micronutrientes. Elas também exercem uma quantidade gigantesca de funções no organismo, tais como o metabolismo celular, atuam no intestino, no cérebro, na formação do ossos e tecidos, no processo digestivo, na imunidade. Ou seja, em praticamente todas as partes do organismo. Todas as vitaminas são importantes, no entanto, algumas se destacam como a vitamina C, D, E complexo B, A, K e outras. Cada vitamina exerce uma função específica e pode ser encontrada também na alimentação natural. Podem ser suplementadas e encontradas em farmácias, casas especializadas e manipulação. É muito comum o uso do complexo vitamínico.

Aminoácidos: Os aminoácidos são alimentos estruturantes responsáveis pela formação das proteínas que, por conseguinte, criaram os tecidos, peles, músculos, ossos. Literalmente consiste nos tijolos do nosso corpo. Além do papel estruturante eles também têm outras funções como no processo metabólico, sistema nervoso e outros. Os aminoácidos são divididos em dois grandes grupos não essenciais e essenciais. Basicamente a principal diferenças entre estes consiste que os não essenciais são produzidos pelo próprio organismo e os não essenciais precisam ser ingeridos pois o corpo não os produz. Eles se dividem em 9 tipos distintos e precisam ser consumidos diariamente. Como os minerais e vitaminas podem ser encontrado na alimentação natural e\ou via suplementações encontradas em farmácias, casas especializadas e\ou manipulação.

Proteínas: As proteínas também são alimentos estruturantes que são quebradas em aminoácidos e responsáveis pela formação dos tecidos, peles, músculos, ossos. Na verdade as proteínas possuem um conjunto muito mais amplo de funções além do papel estruturante. Existem diferentes tipos de proteínas e precisam ser ingeridas diariamente mas sem excessos. Elas podem ser encontradas facilmente na alimentação natural, seja vegetal ou animal como em carnes, peixes, ovos, abacate, soja e muitos outros. Existem suplementos de proteínas como os extraídos do leite, a albumina do ovo e outros. Talvez não seja tão interessante suplementar, preferindo a ingestão natural.

Fontes de energia: Basicamente os alimentos que fornecem energia para nosso organismo são provenientes de duas fontes distintas açúcares ou carboidratos e as gorduras. Também são conhecidos como macronutrientes que consistem na matéria-prima para a formação das moléculas de energia denominadas como ATPs. As proteínas e aminoácidos podem ser utilizados como fontes de energia, mas para isso precisão ser transformados em gordura pelo organismo. Existem gorduras boas e ruins para o corpo, bem como carboidratos bons ou ruins no quesito digestão. Alguns exemplos de fontes de gorduras boas são o óleo de coco, banha de porco, abacate, castanhas, ovos e outras. Exemplos de gorduras ruins consistem nos óleos vegetais (soja, canola, girassol), margarinas e outras. Exemplos de fontes de carboidratos bons são as raízes como a mandioca, batata doce, frutas e outros. Como carboidratos ruins podemos destacar os doces em geral, açúcar refinado, xarope de milho contido nos alimentos industrializados, massas, pães e muitos outros. O interessante é que ao contrário do que a maioria das pessoas pensam as gorduras consistem em melhores fontes de energia do que os carboidratos, obviamente as boas. Isto acontece devido ao metabolismo glicídio que é muito mais antigo em relação ao nosso metabolismo lipídico. Ao usar o metabolismo glicídio o organismo aprende a queimar gordura sendo essa por sinal uma das chaves para o emagrecimento. O uso dos carboidratos como fonte de energia resulta em muitos efeitos colaterais difíceis de serem corrigidos depois, como o processo de oxidação proveniente do resto metabólico. O corpo tende a usar os carboidratos com mais facilidade como fonte de energia e com o tempo tende a colocar em segundo plano o metabolismo glicídio. Isto tende a gerar graves problemas futuros como obesidade, diabetes, entre outras. Por essa razão é preciso atentar as suas fontes diárias de energia. Não que os carboidratos devam ser descartados por completo como fonte primária de energia, mas sua ingestão deve ser minimizada ao máximo mesmo porque a maioria dos alimentos possuem carboidratos como as verduras, frutas e legumes.

Outros: Existem outros suplementos que para aqueles que podem adquirir seriam muito interessantes para a adoção em sua rotina como o resveratrol, substância extraída da uva que ajuda no combate ao envelhecimento, a CoezimaQ10 para o fornecimento de energia, o ácido fólico para as funções cerebrais, a glutationa um antioxidante poderoso, o colágeno para a pele e ossos, a melatonina hormônio do sono, levedura de cervejas ricas em vitaminas do complexo B, a glutamina que evita a perda muscular muito recomendado para atletas de alto nível. O uso do iodo (lugol) é indispensável, sobretudo no processo de desintoxicação do corpo e muitos outros.

Tipos de dietas: Existem diversos tipos de dietas como cetogênica, paleolítica, mediterrâneo e muitas outras. O que as melhores dietas têm em comum consiste na baixa ingestão de carboidratos e maior ingestão de gorduras boas e proteínas.

Boa dieta\vida com poucos recursos: Ao contrário do que muitas pessoas pensam é possível sim ter uma dieta saudável e boa qualidade de vida com poucos recursos se estes forem geridos de modo inteligente e eficaz. Pode por exemplo fazer exercícios físicos em casa e na rua se não puder pagar uma academia, aprender a meditar e fazer em casa, praticar esportes com amigos no bairro onde mora, fazer pesquisas de saúde e alimentação sobretudo na internet, adquirir alimentos de boa qualidade em regiões de periferia, optar por frutas, verduras e legumes da época, cultivar alguns alimentos em casa, ingerir menos alimentos sem comprometer sua nutrição diária. Assistir filmes em plataformas como o Netflix, ouvir músicas e ver filmes gratuitamente pela internet e rádio, comprar roupas baratas mas de boa qualidade sem se preocupar com marcas, tomar sol diariamente, contemplar a natureza e conversar com as pessoas, frequentar uma igreja se desejar, usar bibliotecas públicas e baixar livros gratuitos pela internet. Livrar-se de vícios de qualquer tipo, estudar em casa e pela internet. Aprender a reciclar objetos e fazer decoração artesanal. Efetuar você mesmo as tarefas domésticas sem as terceirizar para outros. Alimentar em casa. Usar as redes sociais. Brincar de jogos na internet e no celular.

Dormir cedo. Passear nos parques e praças próximos de casa. Usar menos cosméticos e aprender a cuidar da própria aparência sem recorrer a profissionais especializados quando não puder pagar por um. Tomar banho frio e reduzir o número de aparelhos domésticos que consomem energia. Fazer trabalhos sociais na comunidade. Brincar com as crianças. Se não puder custear um carro próprio andar de ônibus, Uber e bicicletas evitando horários de picos. Muitas outras medidas.

Quais de fato constituem os nutrientes essenciais?

Basicamente o corpo humano necessita para sua manutenção de 4 tipos de nutrientes essenciais, sendo eles as vitaminas, os minerais, os carboidratos e\ou as gorduras. Os dois primeiros são classificados como micronutrientes e os dois últimos como macronutrientes. Vale ressaltar que não existe proteínas essenciais e sim aminoácidos.

As proteínas são quebradas pelo nosso organismo em aminoácidos e este os utiliza para a construção das proteínas do nosso organismo como o colágeno, por exemplo. Por esta razão não precisamos da ingestão de proteínas para a construção muscular, por exemplo, e sim de aminoácidos. Os carboidratos e as gorduras constituem os alimentos necessários para a obtenção de energia que serão transformados posteriormente em moléculas de ATP. As proteínas também podem ser convertidas, via um processo mais custoso, em fonte de energia. Para seu funcionamento pleno nosso organismo demanda alguns tipos de nutrientes essenciais sendo deles 60 minerais, 16 vitaminas, 9 aminoácidos e as moléculas de gorduras. Já os aminoácidos não essênciais um organismo saudável e bem nutrido consegue produzir. O conjunto destes elementos consiste na matéria-prima básica para o bom funcionamento do organismo e que deve ser reposta constantemente. E quanto aos carboidratos? Estes não são essenciais? Mas esquimós não comem carboidratos? Ao que parece por ser um macro nutriente a ingestão de gorduras e proteínas, como no caso do esquimós, parece substituir sua função, talvez parte das proteínas que ingerem possam ser transformadas em glicose pelo organismo ou usam apenas as gorduras como fonte de energia. Vale notar que esta é a população como menor expectativa de vida no mundo. Talvez devido a uma dieta pobre ou ausente em vegetais.

No entanto, boa parte dos materiais consultados pelo autor recomendam a ingestão de gorduras e carboidratos. Nestes materiais os carboidratos representam papel importante para o bom funcionamento do metabolismo. De qualquer modo não existem (no material consultado), tal como no caso das proteínas, carboidratos essenciais. E sim vitaminas, minerais, aminoácidos e gorduras essenciais. Existem, inclusive, alguns profissionais que defendem zero ingestão de carboidratos o que, na prática, seria muito incompatível com uma dieta baseada em vegetais visto que estes são ricos em carboidratos. Vale ressaltar que o carboidrato existente nos vegetais, em geral, não é danoso para o corpo humano. A ingestão variada de frutas, verduras e legumes tende a fornecer todos ou quase todos os nutrientes essenciais que o organismo necessita.

Do ponto de vista dos macronutrientes um bom balanceamento entre a ingestão de gorduras e carboidratos de qualidade parece ser a postura mais adequada. Certamente nem todas as células do corpo humano se comportam do mesmo modo sendo que algumas, como as do cérebro, devem demandar menos ou mais gorduras ou glicose para seu funcionamento pleno. Na opinião do autor não lhe parece prudente reduzir muito a ingestão de carboidratos visto que podem existir células no organismo que demandam glicose para funcionar bem como as do cérebro. Obviamente se refere aqui a carboidratos bons. Por outro lado, deve-se ser ingerido de forma comedida e complementar a ingestão de gorduras boas. Ou seja, usar ambos os macro nutrientes na dieta de modo equilibrado. A epidemia de diabetes que aí está, deve-se á vários fatores como sedentarismos, alimentos refinados, processados, óleos ruins e outros. Não apenas os carboidratos, sobretudo de boa qualidade com os presentes nas frutas. Existem pessoas que se alimentam apenas de frutas a muitos anos e não estão diabéticas ou com outra doenças e mantêm seus níveis de glicemia normais.

Qual a opinião do autor sobre boa alimentação e dieta?

Não consiste no objetivo deste trabalho dizer o que as pessoas devem comer ou não e sim apresentar de modo rápido e resumido boas recomendações para a preservação e promoção da saúde e vida. Uma coisa é certas, um dos melhores recursos para a promoção da boa saúde reside numa boa dieta. Cada pessoa é única e, portanto, cada qual deve efetuar suas próprias experiências e descobrir áquilo que mais lhe faça bem. Muitos alimentos possuem aspectos positivos e negativos para a saúde, sobretudo quando ingeridos em maior quantidade. Por exemplo, as frutas são excelentes alimentos e ricas em vários nutrientes importantes para organismo como carboidratos, aminoácidos, minerais, proteínas, fibras e outros. Mas para algumas pessoas consumo excessivo de frutas (sobretudo quando associadas com outros alimentos) como os diabéticos pode não fazer bem, devido à presença de frutose e muito carboidratos. As carnes, sobretudo vermelhas, são ricas em gorduras e proteínas, além de outras substâncias como CoezimaQ10, vitamina B12, enxofre e outras. Mas recebem muitas críticas devido a contaminação dessas com hormônios e outras substâncias quando não orgânicas, dificuldade de digestão e geração de desencadeamento de processos acidificantes do organismo, malefícios causados pelo excesso de proteínas como de doenças autoimunes. Quando se vai pesquisar sobre o tema existe grande quantidade de informações e pontos de vista divergentes entre os profissionais. Alguns dizem que deve-se reduzir a ingestão de carboidratos e aumentar a ingestão de gorduras e proteínas, outros defendem o consumo de proteína animal e outros não. Alguns defendem a suplementação e outros não. Simplesmente não existe um consenso no meio e sim muitas opiniões e posicionamentos divergentes e contraditórios.

    Na opinião do autor, a dieta humana precisa ser pensada sob diversos aspectos que vão além do cálculo se algo é bom ou ruim. Esta precisa ser pensada não apenas numa perspectiva do indivíduo, mas também de uma perspectiva sociológica e ambiental. No caso específico da ingestão de proteína animal por exemplo, sobretudo da carne vermelha, quando se pensa numa perspectiva sociológica esta simplesmente não é sustentável, independente do julgamento se esta é boa ou ruim para a saúde humana. Estima-se que em 2050 existirão no mundo 10 bilhões de seres humanos e não seria sustentável alimentar a todos com proteína animal. Ou seja, é preciso pensar no processo que a produção de certos alimentos demandam pois este pode ser muito complexo inviabilizando seu acesso a muitas pessoas, ainda que seja saudável. Como os recursos são escassos diante da grande demanda por alimentos no mundo deve-se privilegiar a produção de alimentos que sejam ao mesmo tempo saudáveis e de processos mais simples e menos custoso de produção.

Atualmente abundam na internet muitos documentários que retratam a exploração, escravidão e o grande genocídio de animais que nosso estilo de vida moderno está promovendo. Isto precisa ser considerado também. Em algum momento precisamos parar para refletir acerca de como estamos tratando os animais em função do estilo de vida e, sobretudo dieta, que adotamos. Apesar de não ser vegetariano\vegano\crujivero e ainda ingerir proteína animal o autor reconhece que precisamos enquanto civilização nos reeducarmos para cada vez mais nos afastar da ingestão de proteína e outros produtos provenientes da exploração animal. Isto independente do julgamento se estes produtos fazem bem ou mal para a saúde humana. As coisas não precisam mudar do dia para a noite, mas precisam mudar ainda que de modo gradativo.

A verdade é que mesmo olhando as coisas numa perspectiva exclusiva da saúde e bem estar humano uma dieta ideal no entendimento do autor precisar ser *"a mais natural e orgânica possível, a mais bioidentica possível, a mais vegetal possível, a mais verde possível, a menos doce possível, a mais saborosa e bonita possível, a mais crua e viva possível, a mais variada possível, a ingestão em intervalo de tempo mais breve possível, a de menor ingestão de alimentos possível, a mais nutritiva e menos calórica possível, a mais alcalina e menos ácida possível, a mais rica em antioxidantes possível, a mais gordurosa (cocos, abacates, cacau, castanhas...) e com menos carboidratos possível"*. A única dieta que pode atender aos requisitos acima, ao menos se aproximar destes, consiste numa dieta baseada em plantas ou vegetais. Ou seja, uma dieta extraída do mundo vegetal e de modo inteligente. As frutas e frutas secas, verduras, legumes, grãos integrais e cereais, sementes e germinados, plantas comestíveis ou PLANCs (plantas alimentícias não convencionais), leites e óleos vegetais, sol, sal e água, chás, algas, mel, castanhas e condimentos, alimentos fermentados... possuem praticamente tudo que a fisiologia humana necessita para sua boa manutenção, sobretudo quando se associa uma boa suplementação, práticas de jejum e exercícios físicos. Os ovos e peixes, sobretudo quando orgânicos e consumidos crus possuem todo o resto ou fortificação que numa dieta exclusivamente vegetal venha a faltar, como a colina, inositol, ômega 3, boas gorduras. Ainda que o coco e o abacate em termos de gorduras boas possa oferecer tudo o que precisamos. E mesmo a vitamina b12, se necessário pode ser facilmente suplementada em sua versão bioidentica metil cobalamina. Vale ressaltar o valioso papel dos alimentos fermentados para a produção e manutenção da flora intestinal.

Um dieta baseada em plantas, predominantemente crua, ao se pensar a nível sociológico especialmente consiste na chave para darmos conta de toda a demanda de alimentos que a civilização global precisa de modo bem compatível com os recursos que o planeta terra pode oferecer. Associa-se a isso os grandes benefícios para a saúde que esta tenderá a proporcionar. Também significaria a eliminação de muitos trabalhos e tarefas de natureza ruim e desumanizante libertando os seres humanos destas de um lado e, do outro, uma verdadeira carta de libertação para o mundo animal da exploração, escravidão, genocídio e todo o tipo de crueldades que a milênios nossa espécie inflige diariamente ao mundo animal para seu próprio deleite. Precisamos levar em conta que nossa civilização não pode ser "projetada" para durar 100 anos ou 1000 anos. Se em 2050 teremos 10 bilhões de pessoas demandando alimentos e outros recursos e quais serão suas demandas em 2100 e no ano 3000, 4000, 5000...10000...

Uma dieta baseada em plantas significa reduzir uma parte da grande pressão por recursos que nossa civilização cada vez mais demandará. Logo esta discussão não deve ser pautada apenas no escopo do que é saudável ou não, mas também levar em conta outros aspectos sobretudo quando a levamos para o contexto sociológico e ambiental e não apenas restrito ao escopo da saúde e bem estar do indivíduo. Se não totalmente baseada em plantas deve-se privilegiar a produção de ovos orgânicos, peixes, leite e derivados (alguns especialistas dizem que o leite não é um bom alimento), mas sem o uso de hormônios e pasteurização. Tanto os ovos quanto o leite não precisa matar o animal. Existem muitos subprodutos do leite que realmente são (acredito, mas posso estar errado) saudáveis como a manteiga ghee, kefir de leite, iogurte natural, suplementos proteicos, queijo parmesão e outros. Mas também podemos viver sem o leite de vaca se preciso, existem substitutos vegetais como o leite de coco, amendoim e outros. Já os rios, lagos e oceanos são muito grandes o que permite a produção sustentável de peixes em abundância. Junte-se a isso outros frutos do mar.

Ainda que muito criticados o milho (a espiga) e a soja quando integrais, orgânicos e não transgênicos são sim, de acordo com muitos especialistas, bons alimentos, sobretudo os germinados. O mesmo vale com as ervilhas, grão de bico ricos aminoácidos e proteínas. A soja, por exemplo, é rica em proteínas e, principalmente, para as mulheres parece ser um bom alimento (não me refiro ao óleo de soja). O mesmo vale com o arroz e feijão que possuem em conjunto todos os aminoácidos essenciais. A clorela e espirulina são outras duas fontes ricas em proteínas. Uma parte da alimentação pode ser via suplementos que, em muitos casos, são bons sim. É preciso que mudemos o conceito de alimentar para ter prazer para alimentar para nutrir e ter saúde, inclusive saúde do ecossistema. No escopo dos medicamentos os fitoterápicos podem ajudar muito sobretudo quando se percebe que boa parte dos remédios alopáticos não são tão eficazes. Obviamente pode se produzir via alopatia remédios melhores, bem como via indústria suplementos e a alimentos melhores ou mais nutritivos. Por exemplo o azeite de oliva, azeitonas, biscoitos vitaminados e mineralizados com uso de açúcar de coco ou mascavo, iogurtes de coco, fermentados, chocolate com açúcar de coco.

Acontece que em certas situações pensando numa escala global o alimento natural nem sempre é prático e acessível. Ainda que desejássemos seria muito difícil excluir a indústria da vida alimentar das pessoas, então o mais prático e realista consiste em reformá-la. No entanto, sempre que possível é melhor neste escopo privilegiar o natural. O problema de uma dieta totalmente crua quando se pensa a nível global e sociológico é que muitos bons alimentos são descartados do consumo como grãos integrais, muitos legumes, parte dos peixes e outros. Ao se projetar a produção de alimentos para uma população de 10 bilhões de pessoas quanto maior a variedade de alimentos melhor, sobretudo ao se descartar o uso de técnicas nocivas de produção. Numa civilização as pessoas exercem papéis sociais distintos e demandam uma alimentação mais adequada a sua realidade, a dieta de operário não deve ser a mesma de um executivo, por exemplo. São contextos de trabalho e modo de vida distintos. Enfim, aqui apresento o meu ponto de vista acerca da dieta e alimentação humana, levando-se em conta aspectos sociológicos e culturais.

Do ponto de vista prático por exemplo, ainda que desejável, seria muito difícil que fazer com que todas as pessoas passem a usar alimentos vegetais e crus. Este é um processo longo que precisa ser trabalhado ao longo de muitas décadas ou séculos, mesmo porque não foi da noite para o dia que adotamos o padrão alimentar atual. Este quadro atual é resultado de um processo longo. O importante neste momento é adquirirmos a consciência de que precisamos mudar nosso padrão alimentar e o aproximá-lo do mais natural e orgânico possível, o restante são detalhes. O modo mais prático e realista de se fazer isso é via gradação, onde pouco a pouco, a civilização global vai retomando seu modelo mais natural de vida no que compete a dieta. Uma coisa certa gastamos muitos recursos na produção de alimentos que fazem mal ao invés de investir estes no oposto.

O porquê do pressuposto abaixo?

"A mais natural e orgânica possível, a mais bioidêntica possível, a mais vegetal possível, a mais verde possível, a menos doce possível, a mais saborosa e bonita possível, a mais crua e viva possível, a mais variada possível, a ingestão em intervalo de tempo mais breve possível, a de menor ingestão de alimentos possível, a mais nutritiva e menos calórica possível, a mais alcalina e menos ácida possível, a mais rica em antioxidantes possível, a mais gordurosa (cocos, abacates, cacau, castanhas...) e com menos carboidratos possível."

Porque quanto mais natural e orgânica maior a bioidentidade, quanto maior a bioidentidade mais eficaz será a absorção pelo organismo humano. Quanto mais vegetal, mais bioidêntica porque os seres humanos não possuem a fisiologia de um carnívoro e sim de um herbívoro, ainda que tenha se adaptado a ingestão de proteína animal esta não é sua natureza, prova bastante contundente disto pode estar na expectativa de vida dos esquimós. Quanto mais verde mais próximo das verduras, portanto com uma carga menor de açucares e mais ricas em fibras, aminoácidos e minerais sem o peso da muita ingestão de glicose e a frutose das frutas. A menos doce para reduzir a ingestão de glicose ou carboidratos e proporcionar um bom balanceamento na ingestão de macronutrientes com as gorduras. A mais saborosa e bonita porque alimentamos a todo momento e a alimentação precisa proporcionar prazer. A mais crua e viva devido a vários fatores como a ação enzimática e a preservação das características integrais dos alimentos. A mais variada para proporcionar todos nutrientes que o corpo precisa.

A ingestão numa janela de horários específica devido ao bom funcionamento do relógio biológico e se praticar o jejum intermitente. Ingerir menos alimentos preserva o corpo e ajuda na sua autorregeneração, se menos calorias se adentra na saudável prática da restrição calórica contanto que seja rica em nutrientes. Sendo mais alcalina e menos ácida evita-se construir o terreno biológico para o surgimento de doenças. Sendo rica em antioxidantes o organismo vai se preservar e regenerar melhor. Ingerir mais gorduras boas e menos carboidratos porque as gorduras são fontes de combustíveis melhor e praticamente todos os alimentos no mundo vegetal possuem carboidratos. Poderia acrescentar o mais fermentado possível visto que os alimentos fermentados exercem importante papel na manutenção da microbiota intestinal.

As verdadeiras causas de muitas enfermidades

A contração de enfermidades possuem múltiplas causas que podem inclusive afetar um organismo saudável, por exemplo a contaminação com um vírus. Acontece que, de acordo com muitos profissionais, muitas das doenças possuem causas comuns que, se adotada medidas preventivas, estas poderiam ser atenuadas. Vamos tentar descrever aqui algumas delas a começar pela intoxicação das células com vários elementos ou toxinas agressivas a estas. Tais como hormônios nas carnes, metais pesados, substâncias químicas diversas como as presentes nos agrotóxicos, na poluição do ar, elementos como o cloro e flúor presentes na água em alguns países, alimentos industrializados, processados, óleos de má qualidade e queimados, refinados e outros. E um conjunto grande de muitas outras moléculas que ao adentrarem no corpo humano este as rejeitará ou não as reconhecerá como propícias para sua utilização.

Essas substâncias quando entram nas células tendem a causar grandes estragos, inclusive danificando a membrana das células. A correção deste processo consiste em efetuar um trabalho de desintoxicação celular constante pela via da adoção de um melhor estilo de vida como ensinado aqui. Outro fator encontra-se na desnutrição do organismo que, como vimos, demanda para seu bom funcionamento um conjunto grande de nutrientes que lhes são essenciais. Na falta de algum destes como das vitaminas o corpo tende a adoecer. A solução para este problema consiste na adoção de uma boa dieta.

Outra causa consiste na existência de fungos, vermes e parasitas que provocam um grande estrago no organismo, sendo difícil a detecção e eliminação destes agressores. A ingestão de menos glicose e proteína animal, pratica de jejum, sementes como de abóboras e mamão, remédios e outras medidas como bons hábitos de higiene vão reduzir a presença destes no organismo. Um aspecto realmente muito relevante para uma boa saúde consiste na existência de boa flora intestinal. Neste caso os alimentos fermentados podem ajudar muito, bem como outros como o kefir e a reposição de bactérias via cápsulas encontradas em farmácias. A desidratação tende a ser um fator importante também neste processo. Fatores emocionais estão direta e indiretamente ligados a uma série de doenças e problemas como acidentes diversos. Práticas de meditação e psicoterapia ajudará a amenizar consideravelmente estes, além de boa dieta. Um corpo ou sangue acidificado em função da ingestão de alimentamos que acidificam o corpo como muita proteína animal, alimentos industrializados, açucares refinados e muitos outros tende a deixar o corpo mais ácido e menos alcalino, o que abre a porta para várias doenças. A ingestão muito grande de proteínas, sobretudo animal, pode gerar doenças autoimunes. Certas substâncias como o glúten, lactose, alimentos refinados e outras também tendem a serem nocivas.

Processos de inflamação crônica também trata de um ambiente fértil para o surgimento de doenças, geralmente causados por má dieta. Sedentarismo, obesidade, uso de álcool, drogas, tabaco e outras substâncias também abrem as portas para as doenças. Noites mal dormidas, pouca exposição ao sol, a não ingestão de sal e a desidratação também tendem a gerar muitos problemas. E muitas outras. Como o de um sistema autoimune enfraquecido incapaz de responder as demandas de defesa do organismo. Vale a pena ressaltar que a prática de se ingerir muitos e múltiplos remédios no cotidiano de várias pessoas tende a gerar mais problemas e enfermidades que necessariamente soluções e curas. Os remédios são importantes e têm o seu papel, mas a verdadeira prevenção e cura de muitas, se não todas, as enfermidades encontra-se na adoção de um estilo de vida saudável. Aqui foram listadas algumas das principais causas que podem deixar o organismo mais exposto a contração de doenças, mas existem muitos outros fatores. Vale a pena pesquisar.

As relações entre saúde, conhecimento, atenção, resiliência e disciplina

Existe uma relação muito forte entre conceitos, saúde, conhecimento, atenção, resiliência e disciplina atuando de modo interdependente. Uma postura tende a reforçar ou enfraquecer a outra no processo de obtenção, manutenção e promoção da saúde integral. Quando se quebra algum elemento da cadeia proposta os resultados tendem a ficar comprometidos. Não estou dizendo aqui ser fácil fazê-lo e, nas minhas experiências pessoais, vez ou outra tendo a quebrar este processo em um ou mais ponto. O mais importante é se colocar de novo na trilha toda vez que um descuido acontece, com menos ou mais frequência. As vezes, por exemplo, podemos quebrar um jejum, ingerir alimentos que não fazem bem só porque são saborosos, deixar de fazer exercícios físicos e outras falhas. As falhas fazem parte do processo e não precisa ser tão exigente consigo mesmo, muito menos buscar resultados rápidos.

Note que estamos a tratar aqui de mudanças culturais e de hábitos que, para muitos, podem ser bem radicais. Sobretudo quando estamos inseridos num ambiente de cultura tão diversa das nossas propostas de mudanças. O ambiente em que estamos inseridos pode não ser muito propício ou motivador para a promoção das mudanças culturais e de hábitos que nos propomos a fazer. Vale ressaltar que não precisamos começar correndo, salvo aqueles que possuem doenças graves. Pouco a pouco, com atenção e continuidade, vamos adquirindo a resiliência e disciplina necessária para reforçar cada vez mais os elos da cadeia do processo de obtenção, manutenção e desenvolvimento da saúde integral. Sempre também sujeitos a retrocessos.

Não importa em que estágio estamos sempre podemos recomeçar neste processo e buscar alguma melhoria. O único requisito para isso consiste em estar vivo. Talvez tenha pouco dinheiro, então opte pelas verduras simplesmente por exemplo. Talvez não possa pagar uma academia, então faça exercícios em casa. Pratique o jejum. Em suma, sempre existe um modo de se por em prática algum elemento deste processo, em menor ou maior intensidade. Vamos entender a importância de cada item a começar pelo conhecimento ou, melhor ainda, o conhecimento certo. Este é muito importante porque podemos fazer muitas e o fazer errado. O que na prática pode nos levar para uma posição oposta e ainda mais distante da inicialmente almejada. Sem o conhecimento não temos a fórmula para se fazer o bolo, simples assim. Outro ingrediente deste processo consiste na atenção. É preciso ficar sempre atento com aquilo que se coloca na boca. Na prática nem sempre é fácil resistir às tentações de um lado e, do outro, não é fácil ingerir certos alimentos para quem não está habituado como as verduras.

A resiliência e disciplina também exercem papel fundamental porque uma coisa é se adotar bons hábitos, geralmente muito restritivos, por um mês ou dois. Outra coisa é fazê-lo ao longo de toada uma vida, sobretudo quando inserido numa cultura e ambiente que estimula o oposto. Para a maioria da população não consiste em algo simples. Os profissionais que atuam na área consegue fazê-lo melhor porque lidam com estes conceitos diariamente. Os veganos e vegetarianos por já adotarem um estilo de vida bem definido, alguns até por uma questão religiosa ou eco religiosa. Mas não encare este processo como fácil, ainda que possa ser simples, como descrito neste material. Uma vez que sair dos trilhos volte de novamente.

Exercícios físicos

Até as crianças sabem que praticar exercícios físicos faz muito bem para a saúde disso ninguém tem dúvidas, mas o que muitas vezes não fica claro é modo correto de se fazê-lo. A maioria das pessoas acreditam que quanto mais fazer exercícios físicos melhores, existem pessoas que passam horas interruptas nas academias acreditando estarem ganhando cada vez mais saúde. Acontece que numa perspectiva da medicina da saúde as coisas não são bem assim. O que os profissionais modernos indicam consiste em fazer exercícios de alta intensidade mas em curto intervá-lo de tempo, no máximo 20 minutos. O nome correto para esta categoria de exercícios é exercícios intervalados de alta intensidade uma tradução da sigla HIT em inglês. Neste deve-se sempre buscar aumentar a carga. Isto vale para a musculação e para a corrida. As caminhadas, apesar de populares, em alguns quesitos como a ampliação da capacidade cardíaca não faz muita diferença.

A musculação é muito importante, sempre buscando ampliar a massa muscular e reduzir a porcentagem de gordura corporal. O mesmo vale para as corridas que devem ser velozes e efetuadas em no máximo 20 minutos por dia ou por vez. Mais do que 20 minutos o corpo passa a produzir substâncias indesejáveis para o ganho de massa muscular como o cortisol. Esse modelo de fazer exercícios procura imitar um pouco do que nossos ancestrais faziam quando ainda viviam de modo selvagem, ou seja a maior parte do tempo de nossa vida na terra. Alguns profissionais recomendam a ingestão de alguns alimentos energéticos pré-treinos. Já outros defendem efetuar exercícios em jejum para aumentar a produção de mitocôndrias. Algo muito importante visto ser esta organela citoplasmática a principal responsável pela produção de energia em nosso organismo, ou seja, constituem nossas fábricas de energia. Quanto mais mitocôndrias ativas em nosso corpo maior a capacidade de produzir energia e melhor meio para isso consiste em fazer exercícios físicos, sobretudo em jejum. Talvez esteja acostumado a fazer exercícios de modo diferente. A recomendação aqui é que procure pesquisar mais a respeito e conclua por si próprio se este modo de se fazer exercícios é compatível ou não com o seu modo de pensar. Esta não é a percepção do autor e sim da classe de profissionais que aborda o assunto e que foi apenas reproduzida aqui.

Outros recursos para ganho de saúde e bem-estar

Objetivo aqui consiste em apenas apresentar de modo bem rápido e resumido algumas técnicas de saúde que podem contribuir e muito para ampliar a melhoria da saúde das pessoas. Como já foi dito é preciso que pesquise mais sobre o assunto e consulte os profissionais abaixo citados. Em suma, o propósito é apenas mostrar que essas técnicas existem e podem ajudá-lo.

Jejum e Jejum intermitente: esta técnica consiste em literalmente jejuar ou ficar sem alimentar durante um período de tempo. Existem diversos modos de se fazer isso corretamente. Deve-se começar com intervá-los menores de jejum e, aos poucos, ampliando. Além de ajudar no emagrecimento, limpeza celular, produção de hormônios do crescimento como GH e testosterona, ganho de massa muscular, entre outros benefícios. Intermitente porque é realizado de tempos em tempos, por exemplo abrindo-se uma janela para alimentar-se no intervá-lo de 12:00 às 18:00 e consumir apenas água fora deste intervá-lo. Pode-se também fazer jejuns prolongados com tempo variado conforme a prática e resistência de cada um. Existem pessoas que conseguem jejuar por muito tempo 30, 40, 50 dias e até mais.

Mente atenta: também é auto-descritiva e consiste em manter a atenção com foco no presente e prestar atenção naquilo que estiver fazendo mesmo em tarefas rotineiras como lavar as louças. Evita-se ficar divagando ou viajando na maionese.

Meditação: na internet existem várias explicações de diferentes técnicas de meditação como o Yoga. Este recurso traz diversos benefícios como melhora da respiração, controle do stress, etc.

Sono profundo: muitas pessoas nos dias atuais têm subjugado o papel importante do sono recuperador, sobretudo os jovens e adolescentes. Mas trata-se de um gravíssimo erro que tende a trazer muitos problemas para as pessoas como perda memória, fadiga, stress, irritação, perda de massa muscular, envelhecimento precoce e muitos problemas. Deve-se procurar dormir cedo com o mínimo de 8 horas por noite em ambiente bem escuro, silencioso e longe de aparelhos como celulares, ifi, etc. Evite também tomar água a noite para não precisar interromper seu sono para ir ao banheiro. É indicado dormir com a barriga para baixo.

Uso do Sol: a fonte primária de energia que possibilita a existência de vida em nosso planeta é o sol. Sem a ele não existiria vida na terra. As plantas e os animais estão sempre em busca do sol. As pessoas quando querem expressar que procuram um espaço na sociedade dizem buscar seu lugar ao sol. Sendo assim porque tomar sol pode ser algo ruim? Na verdade, muito pelo contrário, expor-se ao sol regularmente e sem protetor solar é algo vital para nossa saúde, sobretudo para a produção de vitamina D. Esta vitamina ou hormônio desempenha diversas funções em nosso corpo, sendo fundamental para a produção de outros hormônios como a testosterona. Ao contrário do senso geral o melhor horário para tomar sol é ao 12:00 porque neste horário ele emite os melhores raios solares para o corpo. Também não pode exagerar e o tempo de 20 minutos diários é o suficiente para atender as demandas do corpo. Vale lembrar que a vitamina D pode ser suplementada pois sua deficiência é perniciosa para o organismo.

Restrição calórica: esta técnica apesar de ser de difícil implementação também é muito poderosa para o ganho de saúde. Basicamente consiste em ingerir menos calorias diárias em relação ao que corpo precisa, cerca de 30% menos. No entanto, os nutrientes como vitaminas, minerais, os aminoácidos e\ou proteínas que corpo precisa diariamente precisam ser ingeridos. Isto quer dizer que o corte deve situar-se nos macronutrientes como dos carboidratos e gorduras.

Banho gelado: existem muitos benefícios como aumento da energia, alívio da depressão, controle emocional, melhora do sono, ativação do cérebro e outros benefícios.

Exames periódicos: fazer exames periódicos como os que medem a capacidade cardíaca, densidade muscular, sangue, fezes, gordura corporal, níveis de insulina no sangue e outros também consiste numa medida imprescindível. Pois assim a pessoa pode agir com rapidez e atacar um problema antes que ele se desenvolva.

Regulação hormonal: os hormônios podem ser

percebidos como os maestros do nosso organismo e desempenham muitas funções. O descontrole hormonal afeta desde a vida sexual do indivíduo a seu humor e massa muscular. Trata-se de um tema muito complexo sendo fundamental consultar um especialista. Mas é sabido que esses precisam estar bem regulados em nosso corpo. Vale destacar o papel da testosterona tanto no homem quanto na mulher que tende a baixar a medida que envelhecemos. Existem muitos alimentos e suplementos naturais (e não naturais) que ajudam a manter bons níveis de testosterona no corpo como a Maca Peruana e o Tribulus Terrestre, a romã, couve, carnes e outros. Fazer exercícios físicos e adotar uma postura confiante também ajuda na produção desse hormônio.

Desintoxicação das células e do corpo: para que uma pessoa seja considerada saudável é preciso que suas células estejam saudáveis e, para que isso ocorra, é preciso periodicamente efetuar um trabalho de desintoxição tanto das células como do corpo. O uso de alimentos detergentes como maçãs, limão, abacaxi, graviola, coentro e muitos outros podem ajudar neste processo. Ingerir quantidade adequada de água diariamente, água com limão, água com bicarbonato e outras fórmulas. Existem sucos verdes constituídos por uma série de ingredientes que ajudam neste processo. O mais importante de tudo é sempre que possível evitar a contato com agentes intoxicantes como químicos, poluição, metais pesados e outros. A reflexão e a meditação de modo análogo à limpeza do corpo são ferramentas que servem para a limpeza da mente.

Terapias naturais: existem uma gama muito grande de terapias naturais que visam tratar tanto do corpo quanto da mente. As conhecidas psicoterapias como a psicanálise, musicoterapia, bioenergéticas, banhos naturais, uso inteligente das cores, ozonoterapia e muitas outras. Vale a pena pesquisar mais profundamente sobre essas para saber se podem ser adequadas a sua demanda ou não.

Programas de saúde: existem muitos programas e eventos que tratam do ganho de saúde que são muito interessantes participar como o programa Pro Ser e o 100 dias do dr. Uronal Zancan, palestras e cursos de pós-graduação do dr. Lair Ribeiro, processo de desintoxição e reeducação alimentar do Daniel Rocha e muitos outros.

Também existem livros e materiais explicativos voltados principalmente para o público comum que ensinam de modo mais simples e detalhado a cuidar de nossa saúde como o Kit Daian Siebra. A consulta periódica de canais especializados no assunto como descritos abaixo também são de grande valia.

Projeto de vida: é costumeiro quando crianças ouvirmos a pergunta, o que você deseja ser quando crescer. Obviamente, conforme a cultura e condições materiais que a pessoa está inserida esta tende a fazer suas escolhas com base e orientação destas, bem como por influência da família. Nem sempre os projetos dos indivíduos tendem a se realizarem por completo com resultados às vezes bem díspares do anteriormente planejado. A influência religiosa tende ou tendia, em menor ou maior grau, influenciar neste projeto fazendo com que as escolhas profissionais e pessoais do indivíduo se orientassem para áreas capazes de trazer benefícios para a comunidade e sociedade. Atualmente parece que as pessoas tendem a efetuar suas escolhas e projetos mais orientados a possibilidades maiores de consumo. O que vale dizer aqui é que qualquer que seja a cultura da pessoa e o que ela valoriza é importante constituir um projeto de vida, mas que seja realista e composto por subprojetos como ter uma família, profissão, casa, carro, amigos, participar de grupos de interesses, evitar incongruências e muitos outros. Um bom psicólogo e coach pode ajudar muito neste processo. É importante ressaltar que todas as pessoas, mesmo as que vivem em condições mais adversas podem e devem ter um projeto de vida contanto que este seja realista e adequado a sua realidade. Pois quando não temos um projeto de vida podemos acabar por embarcar num projeto de morte. Vale lembrar que na confecção deste projeto podemos e devemos apreender com os outros e observar sua realidade, o que nunca pode ser ignorado é que cada pessoa está inserida numa realidade única com menos ou mais afinidade com outras pessoas. Não é muito realista, por exemplo, uma pessoa que vive numa comunidade da periferia querer traçar um projeto de vida espelhado num milionário da Forbes. Não que um dia esta não possa se tornar um, mas existe um longo caminho a ser percorrido e não vai acontecer num passe de mágica. Antes disso precisa adaptar-se a sua realidade até para que consiga sobreviver. Em outras palavras, a cabeça pode está nas estrelas contanto que seus pés estejam no chão.

Sentido de vida: encontrar um sentido maior de vida ou um propósito maior de vida que transponha o indivíduo parece ser algo bastante compensador uma vez que tende a conferir um certo suporte psicológico as pessoas que as fortalece. Por exemplo, servir a Deus, ao estado, a uma causa como a da promoção da saúde, combate a pobreza, promoção da paz, combate a corrupção, desenvolver a ciência, o progresso da sociedade, etc.

Desenvolvimento do altruísmo: a empatia consiste na capacidade mental de se colocar no lugar de outras pessoas. Esta capacidade ajuda as pessoas a compreenderem melhor as dificuldades dos outros e entender que ela não é a única que tem necessidades, desejos, demandas, propósito e outros. A empatia tende a sensibilizar e a humanizar as pessoas. É dito que grandes psicopatas o são por não terem desenvolvido esta habilidade, ficam cegos diante das necessidades dos outros e enxergam apenas suas demandas e objetivos. Por terem um padrão de comportamento comum tendem a se encontrarem no tecido social formando grupos que se retroalimentam. A intensa competição social tende a ser uma das causas na formação da mentalidade\personalidade psicopata. Uma pessoa muito altruísta também não é algo muito positivo porque tende a negligenciar suas demandas em prol do atendimento das demandas alheias. Ou seja, deixa de ajudar a si mesma.

Equilíbrio: para a confecção de uma vida saudável faz necessário a constante atenção e manutenção do conceito de equilíbrio. Seja na alimentação que precisa ser variada, na diversão, no trabalho, na divisão bem sucedida do tempo, na prática de exercício físicos e outros. Quando se perde a noção de equilíbrio as coisas tendem a sair do eixo. Às vezes é necessário dispender mais energia e esforço num setor da vida por questões práticas, mas passado este período faz-se necessário retomar o equilíbrio. Os economistas e investidores entendem bem a regra de diversificação dos investimentos em várias carteiras, com a vida as coisas não podem ser muito diferente. Investir uma parte do tempo e energia no trabalho, na família, na qualificação profissional, no lazer, nos relacionamentos, no cuidado e manutenção da saúde e outros.

Estabelecimento de laços sociais: as redes sociais apesar de serem uma invenção fantástica podem estar ajudando a fazer com que as pessoas estejam perdendo um pouco de sua inteligência social e da importância de cultivar os laços e relacionamentos, seja com os amigos, família, comunidade, trabalho. O foco muito grande no trabalho em função das incertezas econômicas podem estar contribuindo com isso. De qualquer modo não se deve perder de vista a necessidade de cultivar os relacionamentos, no e para além dos círculos familiares.

Relacionamentos afetivos: investir em relacionamentos amorosos\afetivos saudáveis sejam amorosos, de amizade e outros também é importante seja para a constituição de família, seja para o atendimento mútuo de outras demandas físicas e psicológicas das pessoas.

Inteligência emocional: existem diferentes tipos de inteligências entre elas a Inteligência emocional mais popularmente exposta pelo psicólogo e cientista Daniel Goleman. Esta inteligência se destaca por parecer funcionar como uma espécie de sistema operacional de outras inteligências. Uma pessoa com seu repertório de emoções exaltadas ou descontroladas encontrará dificuldades para desenvolver outras inteligências e habilidades, além de estar exposto a fatalidades diversas como acidentes, pobreza, desemprego, fracassos amorosos, entre outros.

Outras inteligências: além da inteligência emocional somos dotados de outras inteligências que podem ser menos ou mais desenvolvidas como a inteligência social, linguística, lógico-matemática, natural, corporal, espacial. Em seu livro Inteligências Múltiplas o pesquisador Howard Gardner apresenta com propriedade o conjunto dessas inteligências que que cada um de nós podemos desenvolver. Ou seja, todos somos dotados pela natureza para o desenvolvimento menos ou mais acentuado de um conjunto amplo de inteligências que são expressas em habilidades diversas como fazer cálculos complexos, cantar, dançar, se expressar bem, nos relacionar, entre outras habilidades. Cabe a cada um de nós cultivar nossas habilidades e inteligências para que possamos melhorar nossas vidas e das pessoas ao nosso redor.

Organização, gerência, resiliência e disciplina: o que quer que venhamos a fazer em nossas vidas estes quatro ingredientes não podem faltar, inclusive no cuidado com a saúde. Se não fosse capaz de organizar todos esses saberes em minha mente não poderia expressá-los de modo adequado para que outras pessoas pudessem compreender. Organizar e gerenciar o tempo, as contas e recursos financeiros, as energias, as emoções... São pré-requisitos para por em prática qualquer projeto, isto vale para um país e para uma pessoa. Mas a organização e gerência demandam também resiliência e disciplina, podendo traduzir o primeiro conceito como esforço e o segundo como regularidade. Ou seja, a implementação de qualquer projeto demanda esforço regular organizado e coordenado. Isto vale para os exercícios físicos continuados, a prática de uma boa alimentação, jejum... Mas também é valido para os relacionamentos, exercício da profissão, estudo e quase tudo que venhamos a fazer na vida. Ao se quebrar uma dessas posturas todas as outras tendem a ficar comprometidas pois são co-complementares ou encandeadas. Sistematizar todos esses conhecimentos por exemplo e expressá-los em um texto resumido não foi tarefa nada fácil, foi preciso antes estudar, entender, organizar os saberes na mente, colocá-los em formato de texto para depois distribuir. O projeto demandou tempo, esforço, gerência e disciplina. Vale lembrar que ao se fazer coisas de modo continuado o que inicialmente era difícil tende a se tornar mais simples mesmo tarefas mais complexas.

Saúde financeira: sempre procurar poupar e gastar menos do que ganha independente dos rendimentos da pessoa, sempre que possível. Criar o hábito de pagar à vista sempre que puder evitando a contratação de dívidas. Investir em empreendimentos sólidos como imóveis, empresas lucrativas e outros. Para quem não pode ter uma vida luxuosa repleta de facilidades procurar ter uma vida mais simples e viver com os recursos que possui. Reduzir o padrão de consumo e aumentá-lo somente quando o puder fazê-lo de modo sustentável. Privilegiar o atendimento das necessidades básicas em primeiro lugar e manter-se longe de vícios e despesas com as quais não pode arcar. A educação continuada consiste num bom meio de aumentar a renda, bem como prestar concursos e empreender.

Cuidados com ambiente: cuidar da higiene, estética e organização do espaço que vive. Lembrando que do modo que puder e souber fazer. Nem todos podem viver em mansões luxuosas repletas de empregados. Pode-se aos poucos buscando melhorias neste sentido, principalmente para aqueles que gozam de poucos recursos.

Cuidados com o corpo: além da melhoria dos hábitos alimentares e prática de exercícios físicos atentar-se a higiene pessoal e cuidados sem exageros com a aparência. Procurar ficar longe de vícios perniciosos.

Cuidados com os outros: este trabalho ressalta como as pessoas podem apreender a cuidarem melhor de si mesmas. No entanto, não podemos nos esquecer da existência das outras pessoas e a necessidades de cuidado que devemos ter com os outros. As outras pessoas, independente de sua condição social, merecem ser tratadas com respeito e consideração. Procure ajudar a si mesmo, mas sempre que possível ajude os outros também.

Cuidados com a natureza: tanto o cuidado quanto contato com a natureza fazem parte do ciclo de uma vida saudável. Quando aprendemos a desenvolver carinho pela natureza e reconhecemos sua importância tendemos a cuidar melhor de nós mesmos. O contato com a natureza, inclusive andar descalço faz parte da adoção de bons hábitos de saúde. Um respeito sincero pela natureza tenderá impulsionar mudanças no padrão de consumo das pessoas o que vai ajudar e muito o ecossistema. O apreço pela natureza e coisas vivas está diretamente ligado com o desenvolvimento de nossa dimensão espiritual.

Cuidados com os dentes: ao se reduzir a ingestão de açucares menos doenças relacionadas aos dentes como cáries teremos. O flúor nas pastas de dentes também não é recomendado por linha de profissionais recomendando portanto o uso de pastas de dentes sem flúor. É preciso ficar atentos com os canais que podem servir de espaço para o desenvolvimento de colônias de bactérias. Também é importante evitar o uso de obturações com amálgama devido à contaminação com mercúrio. Estas devem ser substituídas por resinas, mas com muito cuidado, por um dentista biológico.

Beleza: cuidar da beleza sem exageros ou orientado por estereótipos da televisão trata-se de uma medida importante que impacta em nosso bem-estar e autoestima. Isto vale para a beleza do ambiente em que vivemos e trabalhamos também. Os jardins não existem por nada.

Autoestima: todo o conjunto das medidas propostas tendem a impactar diretamente na melhoria de nossa autoestima. Precisamos a cada dia apreendermos a gostar cada vez mais de nós mesmos. Sempre evitar o contato com pessoas destrutivas que de modo intencional ou não trabalham para destruir a percepção positiva que temos de nós mesmos. Fortalecer nossa autoestima e amor próprio não significa nos fecharmos as críticas e autocríticas, mas sim aprender a enxergar os aspectos negativos sem abalar nossa autoimagem.

Identidade e personalidade: por ser uma pessoa você possui uma identidade e personalidade que deve ser protegida e resguardada. Você não precisa partilhar os mesmos valores que as outras pessoas, as mesmas ideias e opiniões, ter os mesmos interesses, comportamentos ou qualquer outra coisa. O que faz você ser você é o fato de ser uma pessoa com identidade biológica e psicológica única. Ninguém é igual a você. Pessoas podem partilhar de interesses comuns, gostar ou não de certas coisas, mas não são iguais e precisam ter sua individualidade e privacidade resguardada. A formação e manutenção de nossa identidade e personalidade trata-se de um processo continuado e que precisa ser cultivado tal como a saúde do corpo. Ser uma pessoa única é que faz de você um ser especial e de grande valor. Para você, você deve ser a pessoa mais importante e não importa o que os outros pensam disso. Nem todos irão se identificar com você e não deve agredir sua identidade e personalidade para agradar os outros ao contrário precisa, a cada dia, cultivar e melhorar o seu ser. Todas as pessoas têm um jeito de ser e o seu jeito de ser é apenas seu. Não permita que ninguém roube isso de você.

Pensamento positivo, coragem e confiança: um dos muitos suportes para uma boa saúde mental consiste na prática do pensamento positivo. Esta é uma técnica poderosa que deve ser cultivada como as outras por toda a vida. Por mais afortunado que uma pessoa possa ser ela inevitavelmente em algum momento se encontrará numa situação difícil, seja no trabalho, com a família, nos relacionamentos, diante de uma perda ou doença. Todos passamos por dificuldades, isto é um fato. Praticar o pensamento positivo, a começar aprendendo a bloquear os pensamentos negativos é um grande diferencial diante dos problemas. Quantas adversidades ao longo da história não foram enfrentadas pelos seres humanos apoiando-se na crença de que era possível vencê-las. Praticar o pensamento positivo não é o mesmo que ignorar o processo das coisas e\ou a existência das adversidades, mas sim tentar encontrar pontos positivos diante do infortuito e das adversidades. Nos livros o Poder do pensamento positivo e o Valor do pensamento positivo o famoso americano pastor de milhões Norman Vicent Peale explica bem essa técnica. O pensamento positivo não é um pensamento mágico que ignora a realidade, uma pessoa em estado terminal não deixará de morrer por pensar positivamente, mas como este grande homem ensina essa pessoa, mesmo em estado terminal, pode encontrar aspectos positivos no ato de morrer que lhe traz algum conforto diante da perspectiva da morte. Grandes cientistas como o célebre Isaac Newton conhecia a complexidade dos problemas que se dispunha a resolver, não ignorava isso. No entanto certamente mantinha uma postura esperançosa, portanto positiva, diante dos problemas. Se não pensasse assim estes nunca seriam solucionados, muito menos os inventos de Tomas Edson ou do grande gênio Nicola Tesla teriam ganhado vida. Portanto pensar positivo não significa fantasiar a realidade, mas sim tentar encontrar aspectos positivos mesmo quando inserido em situações difíceis. A coragem e a confiança, tal como o pensamento positivo, também precisam ser desenvolvidas geralmente se colocando diante de desafios gradativamente mais complexos e os vencendo. O pensamento positivo é condição necessária, mas não suficiente, para o desenvolvimento da coragem e confiança. Apenas a prática em situações reais pode cultivar esses atributos nas pessoas. Como também acontece com os outros aspectos da saúde esses atributos mentais podem atrofiar ou retroceder, daí a necessidade da prática constante do pensamento positivo no aprendizado a lidar com o infortuito. Geralmente não se consegue obter êxito sempre e, em certas atividades, é preciso lidar com muitos resultados negativos antes de obter êxito. Alguns param no meio do caminho, outros não. O desenvolvimento dessas habilidades pode definir quem irá continuar ou parar.

Lazer, prazer e descontração: muitas substâncias positivas (como serotonina, dopamina, adrenalina, testosterona e outras) em nosso organismo são produzidas quando nos divertimos, exercitamos, interagimos de modo positivo com outras pessoas. Se a vida não nos proporciona nenhum prazer então podemos perder o desejo de viver. No entanto, é preciso ficar atento ao equilíbrio delicado entre o prazer e a realidade para não corremos os riscos de cair na armadilha de de querer fazer apenas àquilo que dá prazer. Nem sempre é possível conciliar dever com prazer, mas se possível ótimo.

Filmes, músicas e livros: ver filmes, ler livros e ouvir músicas são exercícios muito importantes e benéficos para nossa saúde mental e cerebral. Obviamente como os alimentos esses precisam ser selecionados. Geralmente essas atividades tendem a ser prazerosas, o que deixa a vida mais rica e saborosa.

Espiritualidade: o conceito de espiritualidade neste contexto não necessariamente relaciona-se com o conceito de religiosidade, mas pode fazê-lo. Quando alguma pessoa se identifica com uma doutrina\crença religiosa e a segue está desenvolvendo sua espiritualidade e construindo sua visão de mundo a partir desta. No entanto, a outros modos de desenvolver a espiritualidade além das crenças religiosas, por exemplo através de uma visão mais sistêmica da natureza, dos seres humanos, do mundo, da ciência. Via uma filosofia de vida. O mais comum consiste na introjeção de uma crença religiosa.

Ser mais: em algum momento podemos nos perguntar que tipo de pessoa nós somos ou desejamos ser, o que viemos fazer aqui neste planeta, deixaremos alguma obra material para o bem das outras pessoas ou simplesmente viveremos nossas vidas sem nenhum outro propósito além da busca da sobrevivência e felicidade. Afinal que tipo de ser humano desejamos ser e\ou nos tornamos. Pessoas saudáveis desejam sempre ser mais, fazer a diferença para a comunidade e o mundo, conferir um propósito maior para suas vidas que vai além da busca pela sobrevivência, ser importante para as outras pessoas e agregar valor em suas vidas. O propósito maior de cada ser humano neste planeta é ser mais e não ser menos. Ao longo de nossa trajetória apesar de todas as intempéries não podemos perder de vista que nascemos para ser mais, para fazer a diferença, para somar. Ser mais é diferente de ser menos no sentido que o ser mais agrega valor a sua vida e das outras pessoas de algum modo. Já o ser menos sempre subtrai. Para ser mais precisamos nos potencializar, aprender a cuidar de nós mesmos e fazer algo pelos outros. Podemos ser mais ou ser menos, em última instância esta escolha só cabe a nós. Ninguém deseja ou nasceu para ser menos, não deixe que as dificuldades da vida iniba sua vocação natural de ser mais. Não podemos perder de vista que somos seres inacabados, não nascemos prontos, portanto sempre podemos optar em ser mais. Ser mais ou ser menos é uma opção, uma escolha. Não confunda ser mais, com ser rico, famoso, bonito ou algo assim. Você pode ser rico, famoso, belo ou bela e, ao mesmo tempo ser mais. Por outro lado pode ter esses atributos e apenas subtrair, ser mais ou ser menos está relacionado com a pessoa que você e com àquilo que você faz na vida e no mundo. Nada mais do que isso, seja você pobre ou rico, famoso ou anônimo.

Remédios (naturais e alopáticos): atualmente percebe-se um crescente interesse pelas práticas provenientes da medicina natural alternativa e isto é ótimo, sobretudo porque os efeitos colaterais tendem a ser quase nulos com o uso dos alimentos, por exemplo, como remédios. No entanto, a recomendação de muitos profissionais que trabalham com a medicina natural é não ser extremista e descartar a medicina alopática. O uso de remédios e cirurgias tem sim valor prático e precisam ser utilizados em muitos momentos, sobretudo em casos de crise. Portanto, ainda que prefira fazer uso da medicina alternativa não descarte o uso dos procedimentos convencionais e consultas regulares aos profissionais de saúde. Existem muitas ferramentas que podem ser úteis na medicina convencional, sobretudo quando mesclada com a natural. Portanto não seja extremista.

Contaminação\Poluição

Ar: é preciso evitar o uso de ar-condicionado, manter o ambiente ventilado, viver em locais poluídos (ainda que difícil), cuidado com as partículas e outros.

Água: existe hoje muita contaminação nas águas vendidas em garrafas plásticas com estrogênio (hormônio feminino), o flúor e cloro contidos na água também não são saudáveis para saúde e deve-se usar purificadores.

Panelas: os profissionais indicam preferencialmente as de cerâmica e depois as de aço cirúrgico. As demais não são indicadas por liberar metais como alumínio. O mesmo vale com o teflon.

Celulares: deve-se usar o menos possível, sobretudo as crianças por afetar sua formação cerebral. As ondas emitidas por esse aparelho tende a ser prejudicial ao cérebro.

Micro-ondas: não deve ser usado de modo algum. Em

alguns países inclusive seu uso é proibido.

Ambiente\Alimentos: existe uma grande contaminação por metais pesados tóxicos à saúde humana dos mares, rios e oceanos por isso frutos do mar devem ser ingeridos com muito cuidado. A maioria dos alimentos também estão contaminados com agrotóxicos por isso sempre que possível deve-se recorrer ao uso de alimentos orgânicos e sempre lembrar de retirar os agrotóxicos das frutas, verduras e legumes.

Resumo e reforço acerca de possíveis causas de doenças e acidentes

Este tema é tão importante que é válido efetuar um resumo e reforçar algumas das causas das doenças. Obviamente existe uma infinidade de causas que levam ao adoecimento das pessoas vamos abaixo descrever e listar algumas delas:

1) Nutrição inadequada: muitas pessoas ingerem o que não deveriam e deixam de ingerir àquilo que o organismo necessita para sua manutenção diária como os tipos e quantidades necessárias de vitaminas, fibras, minerais, proteínas e aminoácidos. A ausência de certos nutrientes abrem as portas para o surgimento de várias doenças. Por outro lado a ingestão de substâncias tóxicas ao corpo tende também a deixá-lo fragilizado pois certas substâncias que devemos evitar envenenam ou intoxicam as células e órgãos do corpo. Excesso de alimentos em momentos errados também são nocivos ainda que sejam alimentos saudáveis. Logo é possível concluir que pela via de uma boa nutrição muitas doenças podem ser evitadas.

2) **Poluição**: todos os tipos de poluição são nocivas ao organismo como poeiras, agrotóxicos, metais pesados, eletromagnética, água contaminada e todas as outras. A poluição é um veneno silencioso que adoece o corpo aos poucos.

3) **Desatenção:** a desatenção tende a ser uma causa muito comum que gera acidentes, ingestão de alimentos inadequados e muitos outros problemas.

4) **Descontrole emocional:** pode levar que façamos muitas coisas que em estado normal não o faríamos.

5) **Abuso de álcool, drogas e tabaco**: os males já são amplamente conhecidos.

6) **Sedentarismo:** leva ao acúmulo de gorduras, atrofiamento muscular, perda da capacidade cardíaca, depressão, acumulo de açúcar no sangue e outros problemas. Pode-se evitar muitas doenças ao se fazer exercícios regularmente.

7) **Cuidados com a higiene**: contaminações diversas por

vírus, bactérias, fungos e outros patógenos. Também causa de muitas doenças.

8) Isolamento social: problemas psicológicos diversos como depressão.

9) Sono inadequado: dormir bem trata-se de uma função muito importante para nosso organismo pois o sono reparador tem um papel muito importante para a recuperação e regeneração dos tecidos e órgãos em geral. Este ato está diretamente ligado ao nosso bem-estar emocional.

10) Ambientes perigosos: existem muitos lugares que oferecem riscos a sua segurança. Estes precisam ser evitados, sobretudo em países violentos como o Brasil. O mesmo vale para comportamentos perigosos como no trânsito.

11) Outras causas: como problemas amorosos, financeiros, insatisfação no trabalho, acidentes de trabalho, trabalhos de natureza ruim e desumanizantes, etc.

Trabalhar as causas das enfermidades e não apenas as consequências

A muito tempo os sábios já afirmavam que prevenir é melhor do que remediar. Logo a melhor maneira de se tratar as doenças consiste na prevenção. Ou seja, adotar um conjunto de medidas que evitem que as pessoas fiquem doentes ao invés de remediar depois. O que pode ser e, geralmente o é, muito mais complexo. Para isso quanto mais dotado de boas informações e se promove hábitos saudáveis maiores são as chances de se evitar a contração de doenças no presente e no futuro.

A chave no combate das enfermidades está na prevenção via a adoção de um conjunto de hábitos e práticas como a de uma dieta saudável ao longo da vida que leve ao fortalecimento do organismo e do indivíduo. Uma pessoa que se alimenta bem, toma sol e água na proporção adequada, realiza exercícios físicos com regularidade, controla suas emoções, dorme adequadamente, jejua e medita, tece bons relacionamentos ao longo da vida e outras práticas. Tende a ter um organismo muito mais saudável e fortalecido frente as doenças. Isto não quer dizer que esta não vai adoecer, mas reduz as chances de contrair muitas enfermidades ao longo da vida. Trata-se de uma cultura que deveria ser adquirida desde a infância para que indivíduo possa gozar de saúde plena ao longo de sua vida sem precisar recorrer a muitos remédios, internamentos, sofrer de depressão e muitos outros problemas que nosso estilo de vida moderno e descuidado tende a causar na saúde e bem-estar humanos.

Obviamente existem fatores externos e ambientais que, se tratados, ajudaria ainda mais a ampliar a saúde e o bem estar da população. Tais como poluição do ar, ambiente de trabalho ruim, tarefas de natureza desumanizantes e degradantes, melhor renda e acesso aos bens e serviços, redução da violência urbana, menor competitividade entre as pessoas e muitas outras. No entanto, nós somos os únicos responsáveis pela nossa saúde, ninguém mais.

Últimas palavras

Dissertar sobre saúde e qualidade de vida não é um empreendimento simples, requer muito estudo e dedicação, sobretudo para quem não é um profissional especializado no tema. Antes de tudo o autor deseja agradecer, principalmente, aos muitos profissionais da saúde em todo mundo que dedicam suas vidas a cuidar das pessoas diariamente, especialmente aos competentes e corajosos profissionais consultados e descritos no texto, que tiveram a audácia de romper paradigmas a muito estabelecidos na área e por divulgarem uma mensagem honesta e sincera acerca dos conhecimentos sobre medicina e nutrição. Certamente muitas vidas foram melhoradas pela via da intervenção desses profissionais e seus trabalhos ecoarão por muito tempo e lugares.

Você que teve acesso a este material espero sinceramente que possa obter benefícios reais para sua saúde e família. Se achar válido peço que o leve a outras pessoas de modo que também possam obter benefícios e melhorar suas vidas, pensando assim fomentaremos uma grande corrente do bem que ajudará a muitas pessoas.

Talvez você queira e possa fazer mais, como doar alimentos e roupas para quem precisa, visitar uma pessoa enferma ou idosa num asilo, divulgar essas valiosas informações para quem não teve acesso, indicar uma pessoa a uma vaga de emprego onde trabalha, prestar um trabalho voluntário na comunidade onde vive, junto com amigos fazer uma vaquinha para reformar a casa de alguém que precisa, se engajar em alguma causa social ou qualquer outra coisa que tenha um pouquinho de você na construção de um país e mundo novo e melhor.

Sabemos que não podemos contar com os políticos e autoridades e que uma boa parte das pessoas ricas não estão muito interessadas nos problemas do cotidiano das pessoas em geral. É claro que existem exceções, mas no geral as pessoas detentoras de poder parecem estar mais voltadas para o atendimento de suas próprias demandas pessoais. O único caminho factível para a solução dos problemas mais graves de nossa sociedade e planeta consiste na cooperação mútua entre todos nós, delegar para outros é ilusão. Este trabalho pode servir como um tijolinho nessa imensa obra que é a construção de um mundo melhor para todos. Desejo sinceramente a você e familiares uma vida repleta de paz, alegria e muita saúde.

Referências

Profissionais e canais no Youtube consultados\indicados

dr. Lair Ribeiro
dr. Daian Siebra
dr. Uronal Zacan
dr. Juliano Pimentel
dr. Lucas Fustinoni
dr. Vitor e Gabriel Azzini
dr. Marco Menelau
dr. Rocha
dr. Rondon
dr. Moacir Rosa
dr. Rey
dr. Barack
dr. Drauzio Varela
dr. Nelson Annunciato
dr. Imar Crisogno
Cientista alimentar Tiago Rocha
Nutricionista Eduardo Corassa
Terapeuta Daniel Rocha
Terapeuta Jaime Bruning
Terapeuta Peter Liu

Terapeuta Ivandelio Sanctus
dr. Augusto Cury
dr. Flavio Giokovate
Outros não citados

Outros canais: Curas Naturais, Natureba, Mio que tá tendo, Jolivi, Nutrição Alimentos e cia, Medicina Natural, Curas Verdes, Simples Assim, outros não citados.

Outros materiais e fontes: livros, artigos, reportagens, documentários, conversas com pessoas, estudos acadêmicos.

www.ingramcontent.com/pod-product-compliance
Lightning Source LLC
Chambersburg PA
CBHW021808170526
45157CB00013B/3011